BEI GRIN MACHT SICH IHR WISSEN BEZAHLT

- Wir veröffentlichen Ihre Hausarbeit,
  Bachelor- und Masterarbeit

- Ihr eigenes eBook und Buch -
  weltweit in allen wichtigen Shops

- Verdienen Sie an jedem Verkauf

Jetzt bei www.GRIN.com hochladen
und kostenlos publizieren

Christoph Weber

Aus der Reihe: e-fellows.net stipendiaten-wissen

e-fellows.net (Hrsg.)

Band 302

Elektromagnetische Tonabnehmer - Vom Instrument zum Verstärker

GRIN Verlag

Bibliografische Information der Deutschen Nationalbibliothek:

Die Deutsche Bibliothek verzeichnet diese Publikation in der Deutschen National-
bibliografie; detaillierte bibliografische Daten sind im Internet über http://dnb.d-
nb.de/ abrufbar.

Impressum:

Copyright © 2010 GRIN Verlag GmbH
Druck und Bindung: Books on Demand GmbH, Norderstedt Germany
ISBN: 978-3-656-03803-0

GYMNASIUM MÜNCHBERG

KOLLEGSTUFFE   2009/2011

Kurs: Leistungskurs Physik

Verfasser: Christoph Weber

Thema: Elektromagnetische Tonabnehmer: Vom Instrument zum Verstärker

Abgabetermin: 23.12.2010

Die Facharbeit wird bewertet mit .... Notenpunkten

In der Prüfung über die Facharbeit wurden .... Notenpunkte erzielt

Zurückgegeben am:

Dem Direktorat vorgelegt am:

Unterschrift des Kursleiters:

Inhaltsverzeichnis

1 Einleitung

„Humbucker … Cutaway … Mörderdecke … einstecken, aufdrehen … und los geht's!"[1] So beschrieb Jimmy Page, Gitarrist von Led Zeppelin, in den 70er Jahren die damals üblichen Gitarren.

Neben den oben genannten Bauteilen, welche ich im Laufe der Facharbeit erklären werde, dreht sich diese Arbeit um einen wesentlichen Bestandteil der E-Gitarre: den Tonabnehmer, genauer gesagt den elektromagnetischen Tonabnehmer (auch Pick-up).

Ich schreibe diese Facharbeit auch für mich selbst, da ich mittlerweile seit ca. fünf Jahren Gitarre spiele und nun auch etwas mehr Einblick in die Funktionsweise dieses Instruments gewinnen will. Nichtsdestoweniger werde ich jeden gitarrentechnischen Fachbegriff erklären und versuchen die ganze Arbeit auch für Laien (Nicht-Gitarristen) möglichst verständlich zu halten.

---

[1] Bacon, Tony: Die große Gibson Les Paul Chronik. Ein halbes Jahrhundert Rockgeschichte. Bergkirchen 2010, S. 62.

2 Geschichte und Bautypen der E-Gitarre

Die elektrische Gitarre blickt mittlerweile auf rund 85 Jahre Entwicklungsgeschichte zurück. Da es jeglichen Rahmen sprengen würde diese genauer zu betrachten werde ich mich hier auf die wesentliche Form der E-Gitarre, die Solidbody[2] beschränken.

Ihren Durchbruch hatte diese Art Gitarre mit *Leo Fender*[3] (geb. 1909) und dessen „Telecaster", einer Gitarre mit Eschenholzkorpus, angeschraubtem Ahornhals[4] und Single Coil[5] Tonabnehmern *(Bild 2.1)*.

Bild 2.1: Telecaster Seriennummer 0027

Quelle: Wheeler, Tom: Die große Stratocaster-Chronik, S. 36.

Aufgrund des durchschlagenden Erfolgs den diese Gitarre „Fender Electric Instruments" 1950 bescherte, entwickelte Herr Fender ein neues, verbessertes Modell, welches im Jahre 1953 unter dem Namen „Stratocaster" veröffentlicht wurde. Diese Gitarre ist bis heute die populärste und meist gespielteste E-Gitarre der Welt[6] *(Bild 2.1)*.

Bild 2.2: Nachbau einer Stratocaster aus den 60er Jahren
Quelle: Wheeler, Tom: Die große Stratocaster-Chronik, S. 265.

Bild 2.3: 1957er Gold-Top
Quelle: Bacon, Tony: Die große Gibson Les Paul Chronik. S. 26.

---

[2] Solidbody: (engl.) Massivkörper(-Gitarre); auch: Massivholz-Gitarre, Brett-Gitarre. So werden E- und E-Baß [sic!] – Gitarren genannt, deren Korpus aus massivem Holz (heute auch anderen Materialien, z.B. Aluminium) besteht, d.h., die kein[en] hohle[n] Korpus mehr als Resonanzkörper haben. [...]. (Kaiser, Rolf: Gitarrenlexikon. Hamburg 1987, S. 173).

[3] Siehe Wheeler, Tom: Die große Stratocaster-Chronik. Bergkirchen 2009.

[4] Vgl. Lemme, Helmuth. Elektro-Gitarren-Sound. München 1994, S. 18.

[5] Tonabnehmer: Single Coil: (engl.) Einzelspule. Schmale Tonabnehmer [...] Bei nicht sorgfältiger [...] Abschirmung sind sie sehr anfällig gegen Störeinflüsse. (Kaiser, Rolf: Gitarrenlexikon, S. 200).

[6] Vgl. Lemme, Helmuth. Elektro-Gitarren-Sound, S. 19 f.

Nachdem sich sowohl Tele- als auch Stratocaster fest auf dem Markt etabliert hatten erkannte Gibson[7] (der bis dahin führende Gitarrenhersteller), dass Solidbodys in ihrem Sortiment fehlten. Man setzte viel Hoffnung in die 1957 veröffentlichten Modelle der „Les Paul" *(Bild 2.3)*, gerade weil diese mit den neuentwickelten „Humbucking"-Tonabnehmern[8] ausgestattet waren. Der erhoffte Erfolg blieb allerdings aus und so beherrschte Fender gegen Ende der 50er Jahre weitgehend den Markt.

Einzig dem aufkommenden Blues in den 60er Jahren ist es zu verdanken, dass die Les-Pauls aufgrund des warmen Sounds, den die Humbucker produzierten, zu Verkaufsschlagern wurden.

Heute sind die meisten Modelle im Grunde auf die beiden „Ur-Solidbodygitarren (Stratocaster bzw. Les Paul) zurückzuführen.[9]

Als Abschluss dieses Kapitels noch eine kleine Grafik zum Verständnis der im Folgenden verwendeten Begriffe *(Bild 2.4)*.

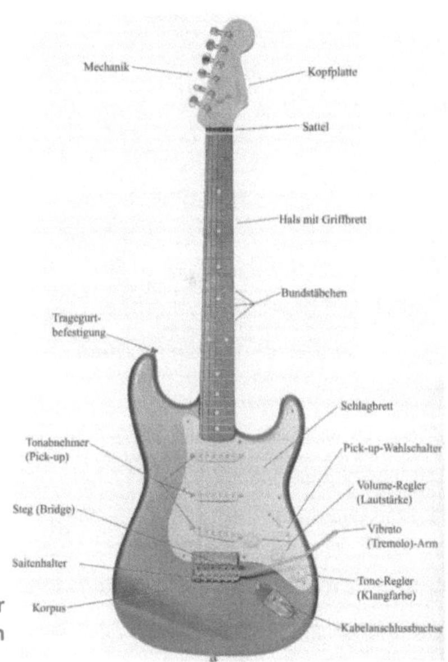

Bild 2.4: Die E-Gitarre

Quelle: Scheinhütte Andreas: Schule der Rockgitarre. Band 1. Frankfurt am Main

---

[7] Siehe Bacon, Tony: Die große Gibson Les Paul Chronik.

[8] Tonabnehmer: Dual Coil: (engl.) Doppelspule; auch Twin Coil oder Humbucker; unter letzterer Bezeichnung sind sie am [B]ekanntesten. Hier werden zwei Spulen in Reihe, also nacheinander, zusammengeschaltet. Daraus resultiert ein starker, <<singender>> Ton. (Kaiser, Rolf: Gitarrenlexikon, S. 200).

[9] Vgl. Lemme, Helmuth: Elektro-Gitarren-Sound, S. 23 ff.

3 Die Mechanik der E-Gitarre – Was bestimmt den Sound?

Der Ton den eine Gitarre abgibt ist ein Zusammenspiel vieler Faktoren[10]:

- den Saiten,
- dem Korpus,
- dem Hals,
- den Tonabnehmern,
- dem Verstärker
- dem Lautsprecher und
- der Raumakustik.

Jeden dieser Teilbereiche zu behandeln wäre zu umfangreich, weshalb ich in diesem Kapitel nur kurz die Vorstufen des Tonabnehmers (Saiten, Korpus, Hals) behandeln möchte.

Die Saiten sind der Beginn der Kette und bestimmen den Grundsound des Instruments. Uns interessieren lediglich mit flachen Draht umwickelte („half round") Stahlsaiten, da diese die in der Rockmusik Gebräuchlichsten und die Einzigen, mit elektromagnetischen Tonabnehmern verwendbaren, sind.

Die Schwingung einer Saite setzt sich aus Grundschwingung und Oberschwingungen zusammen. Die Frequenz der Grundschwingung lässt sich nach folgender Formel berechnen:

$$f_0 = \frac{1}{2}\sqrt{\frac{k}{Lm}}$$

k: Zugspannung der Saite
L: schwingende Länge
m: schwingende Masse

Die Oberschwingungen sind im Idealfall ganzzahlige Vielfache davon.[11]

Zum Korpus gibt es eigentlich nur den von Gitarristen oft zitierten Satz: „Holz ist nun einmal nicht gleich Holz." zu sagen. Der Eigenklang eines jeden Holzes ist abhängig von der Holzsorte, den Abmessungen, dem Feuchtigkeitsgehalt, der

---

[10] Vgl. ebd. S. 38 f.
[11] Vgl. ebd. S. 41.

Lackierung, der Lagerung,...[12] Wer mehr über den Holz und dessen Klangeigenschaften lernen möchte, dem kann ich an dieser Stelle Ulrich Mays Dissertation: Elektrische Saiteninstrumente in der populären Musik. Universität Münster 1984, empfehlen.

Als letzten Punkt dieses Kapitels möchte ich noch auf den Gitarrenhals eingehen. Das Hauptproblem hierbei ist, dass er sich aufgrund der hohen Saitenspannung im Laufe der Jahre verbiegt. Um dem vorzubeugen hat Gibson bereits in den 20er Jahren eine verstellbare Halskrümmung entwickelt. *(Bild 3.1)*

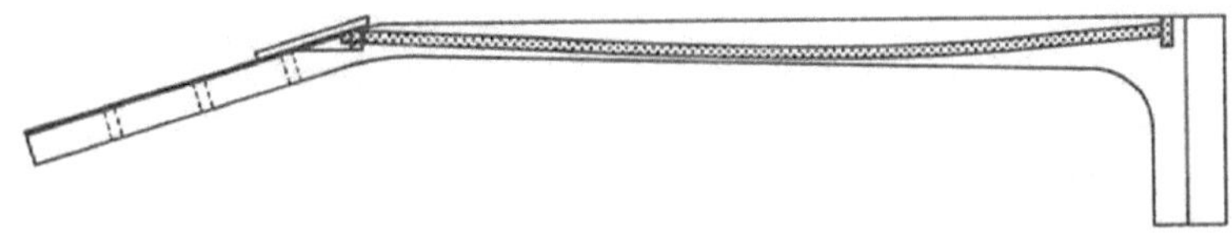

Bild 3.1: gekrümmte Stahlstange zur Einstellung der Halsdurchbiegung Quelle: Lemme, Helmuth: Elektro-Gitarren-Sound, S. 49.

Hierbei wird eine Stange durch den Hals gelegt und durch ziehen/lockern einer Mutter biegt sich der Hals entweder nach hinten, oder krümmt sich nach vorne. Da es gerade bei billigen Instrumenten trotzdem zu Verformungen kommen kann, entwickelte Fender diese Idee weiter. In ihren Instrumenten ist die Stange in der Mitte des Halses befestigt, wodurch die Krümmung oben und unten getrennt reguliert werden kann.[13]

---

[12] Vgl. ebd. S. 46.
[13] Vgl. ebd. S. 48 f.

4 Der elektromagnetische Tonabnehmer

Tonabnehmer (engl. Pick-ups) wandeln die mechanischen Schwingungen der Saiten in elektrische Wechselspannungen um. Diese Spannungen werden später verstärkt und so über einen Lautsprecher o.ä. hörbar gemacht. Die einzige Voraussetzung für einen elektromagnetischen Tonabnehmer sind Stahlsaiten, denn bei Nylon- oder Darmsaiten werden piezoelektrische Tonabnehmer[14] verwendet.[15]

Grundsätzlich sind elektromagnetische Pick-ups aus Spulen und Magneten aufgebaut. Unterschieden wird zwischen sol-

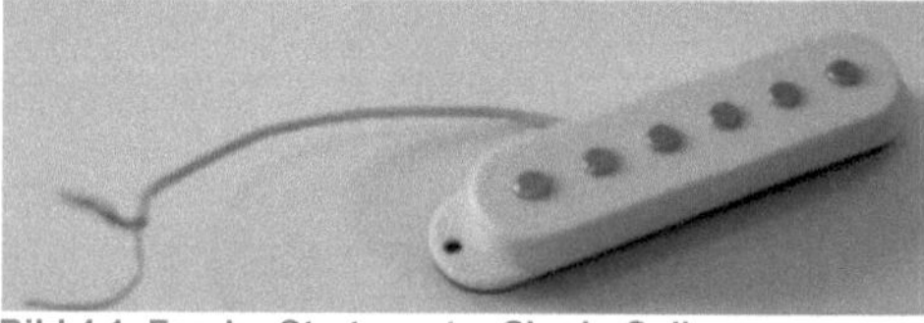

Bild 4.1: Fender Stratocaster Single-Coil
Quelle: Privatbesitz Christoph Weber

chen mit einer Spule (Single Coil) und Doppelspulern (Humbucker). Typisch einspulig ist der Fender Stratocaster-Pickup *(Bild 4.1)*, aufgebaut aus sechs Stabmagneten, die mit einigen tausend Wicklungen Kupferlackdraht umwickelt sind. Nachteil dieses Systems ist die Störgeräuschanfälligkeit, weshalb „brummunterdrückende Tonabnehmer" (engl. to buck (=unterdrücken) the hum (=Brummen)) entwickelt wurden. Hierbei sind in der einen Spule die Nordpole der Magneten und in der anderen Spule die Südpole auf die Saiten gerichtet. Diese Bauart hat den Effekt, dass sich die Brummspannungen, die durch Streufelder erzeugt werden, kompensieren, die Signalspannungen allerdings addieren[16] *(Bild 4.2)*.

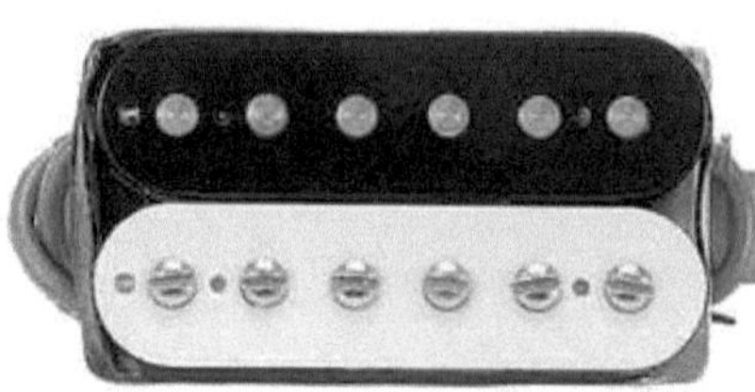

Bild 4.2: Gibson Burstbucker, Nachbau des ersten Gibson Humbuckers von 1959

Quelle: Ziegenhain, Matthias: AMAZONA.de – Workshop: Guitar Know-how – Tonabnehmer, Teil II. http://www.amazona.de/index.php?page=26&file=2&article_id=2742 (16.08.2010).

---

[14] Piezoelektrischer Effekt: Tritt bei bestimmten keramischen Stoffen auf. Unter mechanischen Einfluß [sic!] geben diese Spannungen ab bzw. führen beim Anlegen von Spannungen mechanische Bewegungen aus. (Kaiser, Rolf: Gitarrenlexikon, S. 140 f.)

[15] Vgl. Lemme, Helmuth: Elektro-Gitarren-Sound, S. 51.

[16] Vgl. ebd. S. 52 ff.

Im folgenden Bild sind die vier Grundanordnungen von Magneten und Spulen schematisch dargestellt *(Bild 4.3)*.

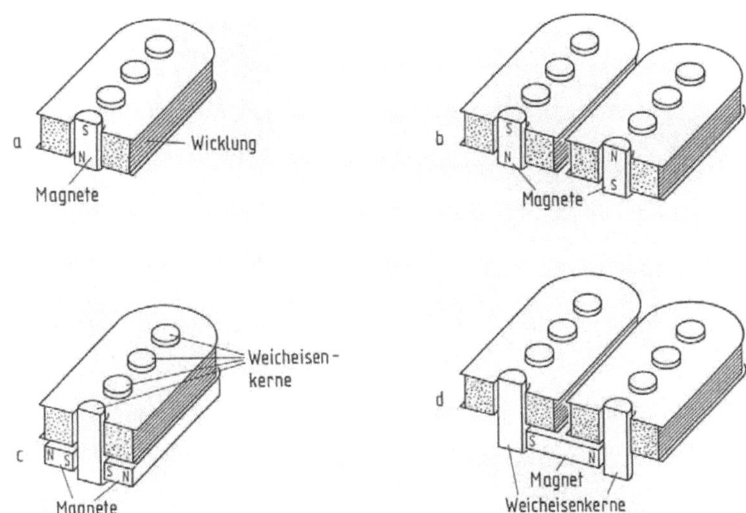

Bild 4.3: Die vier häufigsten Anordnungen von Magneten und Spulen

    a) eine Spule, Magnete direkt darin (z.B. Fender Stratocaster)

    b) zwei Spulen, Magnete direkt darin (z.B. Fender Humbucker)

    c) eine Spule, darin Weicheisenkerne (oft Schrauben), zwei Balkenmagnete darunter (z.B. Gibson „P90")

    d) Zwei Spulen mit Weicheisenkernen (Schrauben oder feste Stäbe, z.B. Gibson Humbucker)

Quelle: Lemme, Helmuth: Elektro-Gitarren-Sound, S. 56.

Physikalisch ändert sich durch Schwingen der Saite der räumliche Verlauf der Feldlinien, wodurch eine Spannung induziert wird (vgl. 4.1 Physikalische Grundlagen: Das Induktionsgesetz). Die Höhe dieser Wechselspannung ist direkt proportional zur Windungszahl der Spule, sowie zur zeitlichen Änderung des magnetischen Flusses (der Geschwindigkeit der Saitenschwingung). Nichtlinear hängt sie von dem Querschnitt der Saite, deren Permeabilität, der Magnetstärke und dem Abstand zwischen Saite und Magnetpol ab. Obwohl der

Tonabnehmer nur auf senkrechte Saitenschwingungen reagiert wird aufgrund der räumlichen Schwingung der Saite immer eine Spannung induziert.[17]

Dadurch dass das Frequenzspektrum der Saite quasi den gesamten Hörbereich umfasst, ist der Kurvenverlauf der Spannung eher zackig als sinusförmig *(Bild 4.4)*.

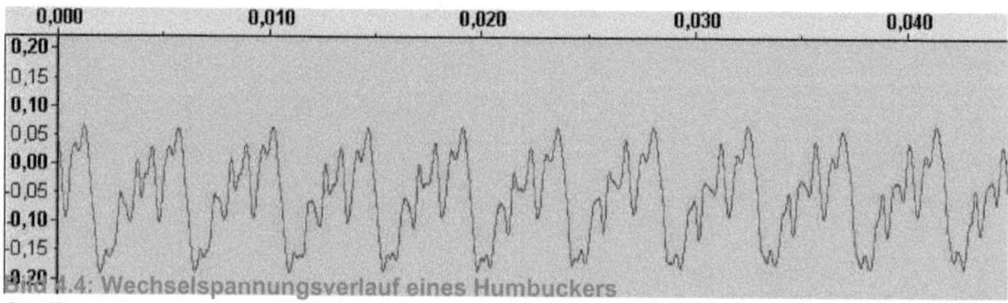
Bild 4.4: Wechselspannungsverlauf eines Humbuckers
Quelle: aufgenommen mit dem Halshumbucker einer Ibanez Gio, gespielt über einen Roland Cube 60; Aufnahmesoftware: Audacity 1.2.6.

Die Stärke der abgegebenen Spannung liegt zwischen 100 mV und ca. 1 V, wobei exakte Angaben hierüber fast unmöglich sind, da die Spannung von vielen weiteren Komponenten (etwa der Saitendicke oder dem Abstand Magnetpol, Saite) abhängt. Eine weitere Vergleichsmöglichkeit für Pick-ups ist der Gleichstromwiderstand (DC *Resistance* in kOhm), wobei auch dieser keinen verlässlichen Wert über die Leistungsstärke eines Tonabnehmers liefert.[18] Die einzige Möglichkeit exakte Vergleiche zu erzielen ist unter exakt gleichen Bedingungen zu messen (Bartolini Verfahren[19]). Die verwendeten Magneten bestehen aus einer Aluminium, Nickel, Kobalt Legierung, sog. *AlNiCo-*Magnete.[20]

Zuletzt sei noch gesagt, dass sich bei magnetischen Gitarrentonabnehmern keine Teilchen, sondern nur masselose Feldlinien bewegen, weshalb die

---

[17] Vgl. ebd. S. 57.

[18] Vgl. Ziegenhain, Matthias: AMAZONA.de – Workshop: Guitar Know-how – Tonabnehmer, Teil I. http://www.amazona.de/index.php?page=26&file=2&article_id=2741 (16.08.2010).

[19] Benannt nach dem Erfinder Bill Bartolini: Hierbei wird bei festgelegten Bedingungen die Saite mechanisch angeschlagen und die Spannungsabgaben gemessen (vgl. Grafik Lemme, Helmuth: Elektro-Gitarren-Sound, S. 60.).

[20] Vgl. Ziegenhain, Matthias: AMAZONA.de – Workshop: Guitar Know-how – Tonabnehmer, Teil I, S. 37-31.

mathematische Beschreibung der Kurven viel einfacher als z.B. bei Lautsprechern möglich ist.[21]

---

[21] Die Schwierigkeit bei Lautsprechern besteht in der Tatsache, dass aufgrund des Schwingens von Teilchen sich viele Gebilde mit Eigenresonanzen bilden, wodurch es zu unzähligen Verzerrungen im Frequenzgang kommt. (vgl. Lemme, Hellmuth: Elektro-Gitarren-Sound, S. 61.).

4.1 Physikalische Grundlagen: Das Induktionsgesetz

Das Induktionsgesetz ist die physikalische Grundlage für den elektromagnetischen Tonabnehmer. Auf dessen Herleitung wird hier verzichtet, da diese bereits im Rahmen des Unterrichts im Kurshalbjahr 12/1 erfolgte. Nur soviel:

Mithilfe der nebenstehenden Versuchsanordnung *(Bild 4.1.1)*, kann gezeigt werden, dass der induzierte Spannungsstoß $\int_{t_1}^{t_2} U(t)\,dt$ direkt proportional zur senkrechten Änderung des Magnetfelds ΔB, zur Änderung der Fläche A_i und zur Änderung der Windungszahl N_i, ist.[22]

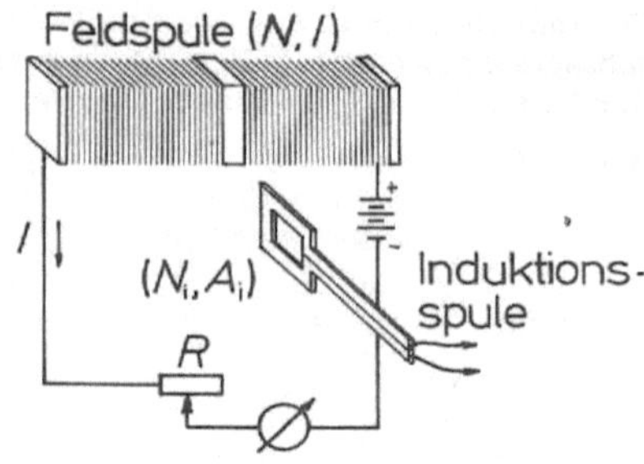

Bild 4.1.1: Versuchsaufbau zur Messung des Zusammenhangs zwischen dem Spannungsstoß der Induktionsspule und den anderen bestimmenden Größen.
Quelle: Müller / Leitner / Mráz: Physik. Leistungskurs 1. Semester: Elektrische und magnetische Felder. Oldenburg 1998, S. 147.

Hieraus ergibt sich die integrale Form des Induktionsgesetzes:

$$\int_{t_1}^{t_2} U\,dt = -N_i \Delta\phi,$$

ϕ sei der magnetische Fluss durch die Spule, definiert als $\phi = BA$.

Für die folgenden Rechnungen ist es allerdings einfacher die differentielle Form des Induktionsgesetzes: $U_{ind} = -N_i\dot{\phi}$ zu verwenden.[23]

Im Folgenden sollen die physikalischen Unterschiede zwischen Single-Coil und Humbucker genauer untersucht werden. Uns dient das Induktionsgesetz: $U_{ind}(t) = -N_i \frac{d\phi}{dt}$ als Grundgleichung.

Durch Single-Coil Tonabnehmer wird nicht nur die, von der Gitarre erzeugte, Wechselspannung in Schall umgewandelt und verstärkt, sondern auch viele Störgeräusche wie beispielsweise das 50 Hz Netzbrummen der Steckdose. Es

---

[22] Vgl. Müller / Leitner / Mráz: Physik. Leistungskurs 1. Semester: Elektrische und magnetische Felder. Oldenburg 1998, S. 147 ff.
[23] Hammer / Hammer: Physikalische Formeln und Tabellen. München 2002, S. 47.

addieren sich also das von der Saite induzierte Signal und das Störsignal und man erhält: $U_{ind}(t) = \left(-N; \frac{d\phi_{Saite}}{dt}\right) + \left(-N_i \frac{d\phi_{Störquelle}}{dt}\right)$.

1955 gelang es eine Lösung für dieses Problem zu finden: den Humbucker. Ziel dieses „Brummunterdrückers" war es das Störsignal einmal mit positiven und einmal mit negativem Vorzeichen in die Gleichung einfließen zu lassen, so dass es sich gegenseitig kompensiert:

$$U_{ind}(t) = -N_i \left(\frac{d\phi_{Saite}}{dt} + \frac{d\phi_{Störquelle}}{dt} - \frac{d\phi_{Störquelle}}{dt}\right).$$

Dies gelang mit zwei gleichen Spulen, die in Reihe geschaltet wurden, sodass sich die Tonabnehmerspannungen addierten.

$$\text{Es entsteht: } U_{ind}(t) = \left[-N_i \left(\frac{d\phi_{Saite}}{dt} + \frac{d\phi_{Störquelle}}{dt}\right)\right]_{\text{Spule I}} + \left[-N_i \left(\frac{d\phi_{Saite}}{dt} + \frac{d\phi_{Störquelle}}{dt}\right)\right]_{\text{Spule II}}.$$

Vereinfacht also: $U_{ind}(t) = -N_i \left(\frac{d\phi_{Saite}}{dt} + \frac{d\phi_{Störquelle}}{dt} + \frac{d\phi_{Saite}}{dt} + \frac{d\phi_{Störquelle}}{dt}\right)$.

Hier ergibt sich das Problem, dass sich sowohl Nutz- als auch Störspannungen addieren. Um dies zu lösen wurde die zweite Spule umgepolt; aus einer Reihen- wurde also eine gegenphasige Schaltung, mit dem Ergebnis:

$$U_{ind}(t) = -N_i \left(\frac{d\phi_{Saite}}{dt} + \frac{d\phi_{Störquelle}}{dt} - \frac{d\phi_{Saite}}{dt} - \frac{d\phi_{Störquelle}}{dt}\right).$$

Dies führte nun zu kompletter Auslöschung der Signale. Um zum heute verwendeten Humbucker zu gelangen fehlt nur noch ein Schritt. Es muss auch noch die Polarität einer Saitenspannung gedreht werden, was durch Drehung der magnetischen Flussdichte der zweiten Spule erreicht werden kann. Dieses verdrehte Einsetzen des zweiten Magneten hat zur Folge, dass die Nutzsignale wieder „in phase", die Störsignale allerdings „out of phase" geschaltet werden.

Es ergibt sich fast eine Verdopplung der Saitenspannung und eine Auslöschung der Brummgeräusche: $U_{ind}(t) = -N_i \left(\frac{d\phi_{Saite}}{dt} + \frac{d\phi_{Störquelle}}{dt} + \frac{d\phi_{Saite}}{dt} - \frac{d\phi_{Störquelle}}{dt}\right)$.

Vereinfacht ergibt sich: $U_{ind}(t) = -N_i \left(\frac{d\phi_{Saite}}{dt} + \frac{d\phi_{Saite}}{dt}\right)$.

Zusammengefasst kann gesagt werden: Um eine Brummunterdrückung zu erreichen, schaltet man zwei Single-Coils gegenphasig in Reihe und dreht die Polarität des Magneten der zweiten Spule.[24]

[24] Vgl. Gebben, Daniel: „Das Tonabnehmersystem der Elektrischen Gitarre – Von der schwingenden Saite zum Lautsprecher". Windthorst Gymnasium 2006.

4.2 Elektrischer Frequenzgang und Klangeigenschaften

Die Frage die in diesem Kapitel beantwortet werden soll lautet: „Wie kommen die vielen unterschiedlichen Übertragungscharakteristiken der Tonabnehmer zustande?"[25].

Es gibt die verschiedensten Ansichten darüber, was den Tonabnehmersound so charakteristisch macht, unter anderem der Ohmsche Widerstand der Spule oder das verwendete Magnetmaterial (AlNiCo oder Ferrit). Eingehen möchte ich in diesem Kapitel allerdings auf das in der Fachliteratur als das „Entscheidende"[26] betitelte: die Eigenschaften der Drahtwicklung.

Die erste wichtige Größe hierzu ist die Induktivität L der Spule[27]:

$$L = \mu A \frac{N^2}{l}$$

A: Spulenquerschnitt L: Länge der Spule
N: Windungszahl µ: Permeabilität

Weitere Größen sind der Ohmsche Widerstand R, sowie die sich zwischen den Drahtwicklungen ausbildenden Kapazitäten C.

Solch eine reale, nichtideale Spule beschreibt das folgende Bild *(Bild 4.2.1)*.

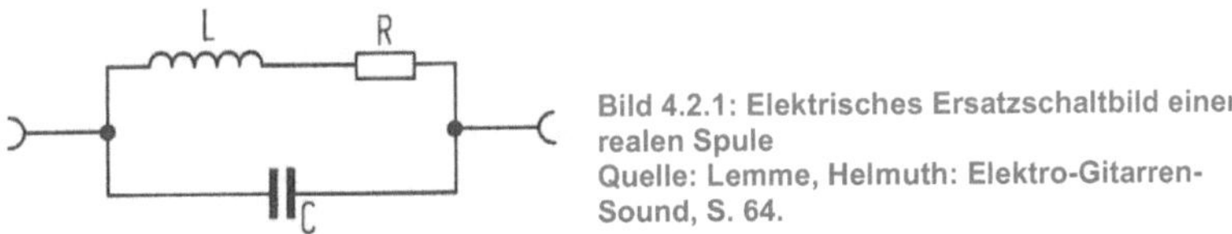

Bild 4.2.1: Elektrisches Ersatzschaltbild einer realen Spule
Quelle: Lemme, Helmuth: Elektro-Gitarren-Sound, S. 64.

Bei Humbuckern bräuchte man eigentlich zwei solcher Ersatzschaltungen. Beide Spulen in Reihe geschaltet haben dieselbe Induktivität und denselben ohmschen Widerstand, sodass man unter Berücksichtigung der Formel für Reihenschaltung von Kondensatoren $(\frac{1}{C} = \frac{1}{C_1} + \frac{1}{C_2})$ ebenfalls diese Ersatzschaltung verwenden kann.[28]

---

[25] Vgl. Lemme, Helmuth: Elektro-Gitarren-Sound, S. 63.
[26] Ebd. S. 63.
[27] Hammer / Hammer: Physikalische Formeln und Tabellen, S. 47.
[28] Vgl. Lemme, Helmuth: Elektro-Gitarren-Sound, S. 64.

Dieser sogenannte Tiefpassfilter 2. Ordnung[29], bestehend aus L, R und C, besitzt eine gewisse obere Grenzfrequenz f_g, oberhalb welcher die Urspannung stark abgeschwächt wird. Exakt bei f_g liegt die Dämpfung bei ca. 3 dB, was eine Abschwächung der Ausgangsspannung um $\sqrt{2} \approx 1{,}4$ zur Folge hat. Für $f \gg f_g$ fällt die Spannung proportional zum Quadrat der Frequenz ab.[30]

Eine untere Grenzfrequenz gibt es nicht. Knapp unterhalb von f_g bilden L und C einen Schwingkreis, weshalb sich hier eine Resonanzstelle ausbildet[31] *(Bild 4.2.2).*

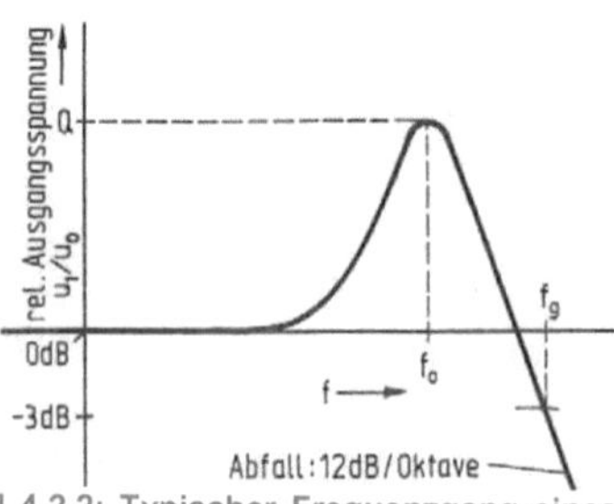

Bild 4.2.2: Typischer Frequenzgang eines Gitarren-Tonabnehmers
Quelle: Lemme, Helmuth: Elektro-Gitarren-Sound, S. 65.

In der Praxis kommen zu dem RLC-Filter weitere Größen hinzu: Potentiometer und Kondensatoren zur Lautstärke- und Klangregelung, Kapazität des verwendeten Kabels, sowie Eingangswiderstand und –kapazität des Verstärkers. Dies führt zur Erweiterung der obigen Schaltung, siehe nebenstehendes Bild *(Bild 4.2.3).*

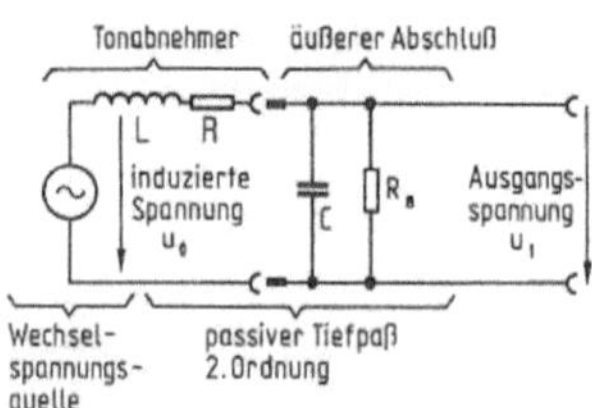

Bild 4.2.2: elektrisches Ersatzschaltbild eines Gitarren-Tonabnehmers im Betrieb mit äußerer Belastung
Quelle: Lemme, Helmuth: Elektro-Gitarren-Sound, S. 66.

Das Geheimnis des elektromagnetischen Tonabnehmers liegt nun im Wesentlichen darin, wo die Resonanzfrequenz erzeugt wird und wie stark sie ausgeprägt ist.

---

[29] Mehr dazu bei Schnabel, Patrick: Elektronik-Fibel: Elektronik Grundlagen, Bauelemente, Schaltungstechnik, Digitaltechnik. Norderstedt 2007.
[30] Vgl. Lemme, Helmuth: Elektro-Gitarren-Sound, S. 65.
[31] Vgl. ebd, S. 65.

Folgende Gleichung beschreibt die Übertragung des RLC-Tiefpasses 2. Ordnung:[32]

$$u_1 / u_0 = \frac{1}{1+\left(\frac{f}{f_0}\right)^2 + i\left(\frac{f}{f_0}\right)^2\frac{1}{Q}},$$

$$\text{mit } f_0 = \frac{1}{2\pi\sqrt{LC}}$$

Q: „Güte", Aufschaukelungsfaktor des Filters

i: imaginäre Einheit $\sqrt{-1}$

L: Induktivität, 1H < L < 10 H

C: Summenkapazität (Spule, Kabel, Verstärker)

Für $Q \to \infty$ liegt f_{max} genau bei f_0, was praktisch unmöglich ist, da jeder reale Schwingkreis einer gewissen Dämpfung unterliegt, Q also endlich ist. f_{max} ist also ein bisschen niedriger als der aus der Thompson-Gleichung ermittelte Wert für f_0.

Diese Resonanzfrequenz liegt im Allgemeinen im Bereich zwischen 2 und 5 kHz, also genau dort wo das menschliche Ohr am Empfindlichsten ist.[33]

Q ist in der Praxis auch kein fester Wert, da es vom ohmschen Lastwiderstand (Lautstärkeregler/Klangregler/Eingangswiderstand des Verstärkers) und vom ohmschen Widerstand R der Spule abhängt.

Je kleiner der Lastwiderstand, desto kleiner Q; je höher R, desto kleiner Q.[34]

---

[32] Vgl. ebd. S 66f.
[33] Vgl. ebd. S. 67.
[34] Vgl. ebd. S. 68.

4.3 Weitere klangbeeinflussende Faktoren

Wenn man sich die bisherigen Ergebnisse ansieht, müssten Single-Coil und Humbucker gleich klingen, sobald sie die gleiche Resonanzfrequenz und gleich starke Resonanzausprägung haben. Dies ist allerdings nicht der Fall. Bei hohen Tönen hört man zwar fast keinen Unterschied, bei Tiefen klingt der Humbucker aber deutlich weicher als der Einspuler. Die Ursache dafür ist, dass der Doppelspuler die Saitenschwingung an zwei anstatt an nur einer Stelle aufnimmt, da er eigentlich aus zwei Tonabnehmern besteht. Bestimmte Oberschwingungen kompensieren sich daher. Sobald die halbe Wellenlänge der Oberschwingung mit dem Polabstand des Humbuckers übereinstimmt, trifft Wellenberg auf –tal und somit ist die abgegebene Ausgangsspannung für diese Oberwelle gleich Null[35] *(Bild 4.3.1).*

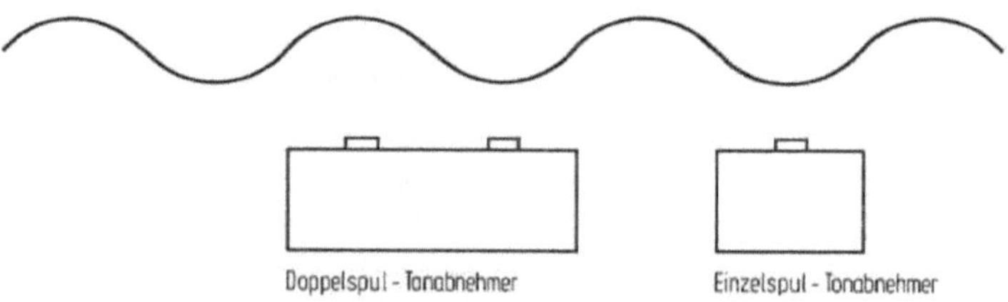

Bei vielen Gitarren sind sowohl Einzel- als auch Doppelspultonabnehmer verbaut. Beim Umschalten von Humbucker auf Single-Coil passiert nun Folgendes:

1. die Schwingung wird nur an einem Punkt abgenommen,
2. die Induktivität wird halbiert und die dadurch erreichte Resonanzfrequenz erhöht und
3. der Q-Wert wird erhöht.

---

[35] Vgl. ebd. S. 80f.

Diese drei Faktoren, von denen die ersten beiden weitaus stärker ins Gewicht fallen, bewirken eine Aufhellung des Tones.

All diese Verfärbungen fallen unter die Kategorie lineare Verzerrungen. Magnetische Tonabnehmer erzeugen aber auch nichtlineare Verzerrungen, sog. Klirrverzerrungen. Ähnlich wie bei Verstärkern und Lautsprechern entstehen hier neue Obertöne, die im Originalklangspektrum gar nicht vorhanden sind. Bei einer einzelnen Saite ist dies noch kein Problem, wird allerdings ein Akkord gespielt, so entstehen neben den üblichen ganzzahligen Vielfachen der Grundfrequenzen auch noch Summen- und Differenzfrequenzen zwischen den Saitentönen. Diese sind im Klangspektrum völlig fremd. Der Fachbegriff hierfür lautet Intermodulation. Sie ist umso stärker je kleiner der Abstand Saite – Tonabnehmer.[36]

Diese nichtlinearen Verzerrungen sind umso stärker, je größer die Amplitude der Schwingung, weshalb eine quantitative Messung und die Angabe eines Klirrfaktors bei Gitarrentonabnehmern unmöglich ist.[37]

---

[36] Vgl. ebd. S. 82f.
[37] Vgl. ebd. S. 83.

5 Die Anordnung der Tonabnehmer

5.1 Übertragungsverhalten bei einem Tonabnehmer

Nun möchte ich noch die Frage nach der Anzahl der Tonabnehmer beantworten. Der Grund warum die meisten Gitarren mehr als einen Tonabnehmer haben, liegt in der Klangfarbe. Bei einem Tonabnehmer am Steg entsteht ein scharfer, harter Ton, der kontinuierlich wärmer und weicher wird je weiter man in Richtung Griffbrettende rutscht. Mehr Tonabnehmer bedeuten also mehr Vielfalt in der Klangfarbe.

Wie sich diese Änderungen physikalisch erklären lassen, soll folgendes Zahlenbeispiel verdeutlichen (frei nach Lemme, Helmuth: Elektro-Gitarren-Sound, S. 99ff.):

Wenn eine Saite schwingt bilden sich stehende Wellen mit Wellenbergen und –tälern. Zusätzlich zu den Tälern und Bergen der Grundschwingung gibt es diese auch noch in jeder Oberschwingung, allerdings an anderen Stellen. Sitzt nun ein Tonabnehmer genau dort, wo eine Oberschwingung einen Bauch hat, erzeugt diese Frequenz keine Spannung im Pick-up und fehlt somit, samt allen Vielfachen, im Klangspektrum.

Nehmen wir der Einfachheit halber eine Mensur[38] von 64 cm und betrachten die A-Saite mit 110 Hz als Grundfrequenz. Weiterhin sei der Tonabnehmer 16 cm von Steg entfernt montiert. Es fehlen dann im Klangspektrum die Oberschwingungen mit dem $\frac{64}{16} = 4$ fachen, 8 fachen, 12 fachen,... der Grundfrequenz, also 440 Hz, 880 Hz, 1320 Hz,..., wohingegen die Oberschwingungen mit dem 2 fachen, 6 fachen, 10 fachen,... der Grundfrequenz, also 220 Hz, 660 Hz, 1100 Hz aufgrund eines Wellenbauches direkt am Tonabnehmer voll übertragen werden. Alle ungeraden Vielfachen der Grundfrequenz werden abgeschwächt, sind aber vorhanden.

---

[38] Mensur: [...] Mensur wird bei Gitarren, Lauten, Banjos usw. die Länge der freischwingenden Saite und Steg genannt. [...] (Kaiser, Rolf: Gitarrenlexikon, S. 123).

Als Klangfarbe oder Klangverfärbung bezeichnet man nun das Verhältnis der Teiltöne untereinander (dieses ist durch die elektromagnetische Aufnahme verfälscht, entspricht also nicht dem originalen Schwingungsspektrum der Saite).

Grafisch lässt sich dies leicht darstellen. Wir definieren einen Übertragungsfaktor „ü", der die Amplitudenverfälschung der Teilfrequenzen beschreibt: $\frac{Schwingungsamplitude\ über\ Tonabnehmer}{Schwingungsamplitude\ am\ Wellenbauch}$. Im folgenden Bild *(Bild 5.1.1)* ist dieses „ü" für die leere A-Saite gegen die Frequenz aufgetragen.

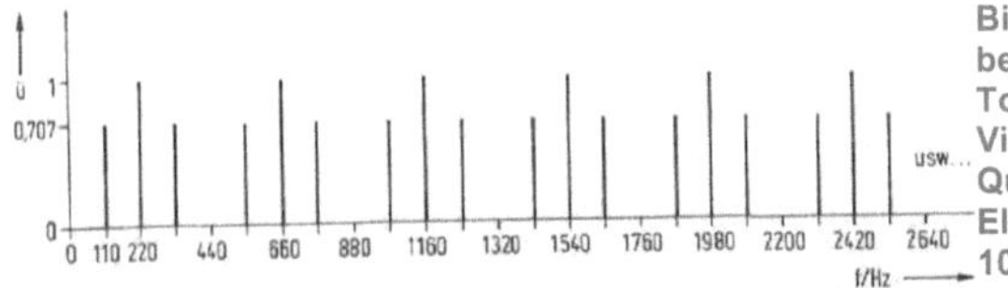

Bild 5.1.1: Klangverfärbung bei der A-Saite, wenn der Tonabnehmer bei einem Viertel der Mensur sitzt Quelle: Lemme, Helmuth: Elektro-Gitarren-Sound, S. 101.

Hieraus lässt sich bei genauen Messungen ziemlich gut der Abschwächungsfaktor der ungeraden Vielfachen der Grundfrequenz als $\frac{1}{2}\sqrt{2}$ ablesen.

Greift man nun die A-Saite beispielsweise im fünften Bund (Ton d mit 146,8 Hz $\approx \frac{440}{3}$) ist der Abstand zwischen Tonabnehmer und Steg nur noch ein Drittel der jetzigen Schwinglänge. Es fehlen daher die 3-, 6-, 9-,... fachen Oberschwingungen des Tons d, welche auch gleichzeitig 440 Hz, 880 Hz, 1320 Hz, also diejenigen sind, die bei der Grundschwingung der A-Saite sowieso schon fehlen.

So kann man sich nun die Linienspektren sämtlicher möglichen Töne einer jeden Saite ausrechnen und diese in je ein Diagramm einzeichnen. Es ergibt sich für jede Saite ein solcher Sinusbogen *(Bild 5.1.2)*.

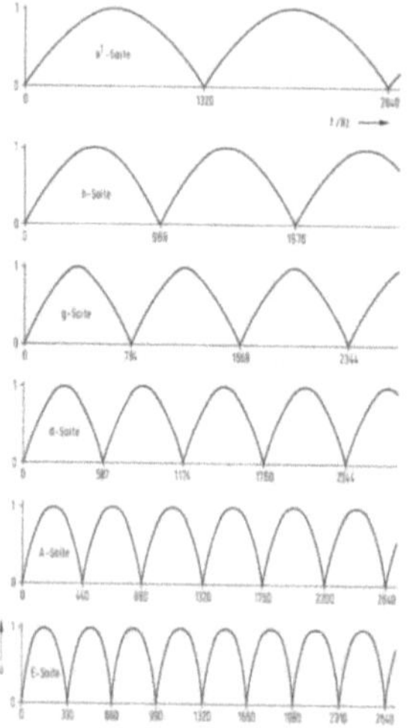

Man erkennt also: Wenn der Tonabnehmer bei einem Viertel der Mensur sitzt, liegt jedes Wellental bei der 4-, 8-, 12-,… fachen Grundfrequenz der einzelnen leeren Saiten.

Dieses Bild würde sich nun ändern wenn man den Tonabnehmer beispielsweise 4 cm von der Mitte in Richtung Steg, also bei $\frac{1}{16}$ der Mensur anbringt. Dann fehlt im Spektrum die 16-, 32-, 48-,… fache Grundfrequenz. Außerdem wären Wellenberge und –täler viermal soweit auseinandergezogen ($\frac{\text{Abstand vorher } \frac{1}{4}}{\text{Abstand nachher } \frac{1}{16}} = 4$).

Bild 5.1.2: Klangverfärbung bei allen Saiten; Tonabnehmer bei einem Viertel der Mensur. Quelle: Lemme, Helmuth: Elektro-Gitarren-Sound, S. 102.

Das bewirkt eine stärkere Abschwächung der unteren Obertöne im Vergleich zu den Oberen und somit einen härteren Klang. Um dieser Entwicklung entgegenzuwirken sitzt der Tonabnehmer mit der größten Induktivität, also dem von sich aus wärmsten Klang, am Steg.

Die effektive Übertragungskurve eines Tonabnehmers setzt sich zusammen aus dem Frequenzgang der Wicklung, den Frequenzauslöschungen bei Humbuckern, den hier besprochenen Übertragungslücken die sich aus der Anordnung ergeben und den Klangverfärbungen aufgrund der nichtlinearen Verzerrungen.

5.2 Zusammenschaltung mehrerer Tonabnehmer

Da wir nun das Klang- und Übertragungsverhalten eines einzelnen Tonabnehmers besprochen haben, widmen wir uns noch kurz der Möglichkeit, zwei oder mehr Pick-ups gleichzeitig zu benutzen.

Die Schwierigkeit hierbei liegt in der Tatsache, dass die Frequenzauslöschungen nun nicht mehr in gleichen Abständen voneinander entfernt sind, sondern in unregelmäßigen Intervallen aufeinander folgen. Dies verkompliziert die Kurve wesentlich. Weiterhin entscheidend ist, ob die Tonabnehmer „in Phase" oder gegenphasig (engl. „out of phase") geschaltet sind, da vereinzelte Teilschwingungen dasselbe Amplitudenvorzeichen, andere das Entgegengesetzte haben. Dies hier nachzuweisen, würde allerdings den Rahmen sprengen, nur soviel: sind beispielsweise zwei Tonabnehmer gleichphasig mit Abstand $\frac{1}{4}$ bzw. $\frac{1}{16}$ der Mensur vom Steg entfernt eingeschaltet, so schwingen Grundschwingung und die 2-, 3-, 9-, 10-, 11-, 17-, 18-, 19-,... fache Oberschwingung gleichphasig, die 5-, 6-, 7-, 13-, 14-, 15-,... fache Oberschwingung jedoch gegenphasig. Sind diese beiden „out of phase" geschaltet, ist es genau umgekehrt. Zu Verdeutlichung siehe *(Bild 5.2.1)*.[39]

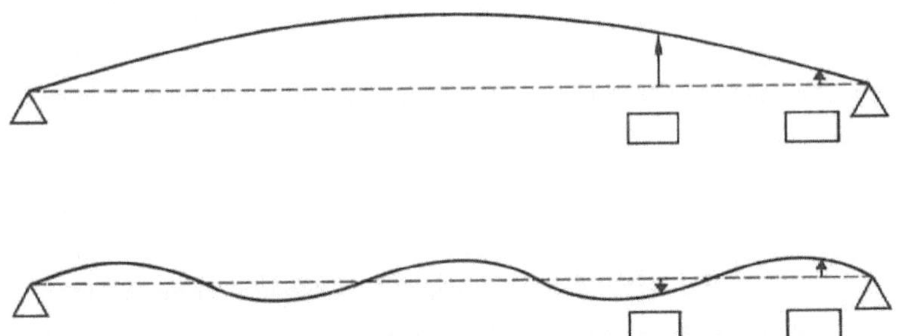

Bild 5.2.1: Die Grundschwingung hat über beiden Tonabnehmern eine Auslenkung in die gleiche Richtung, bestimmte Oberschwingungen (wie hier die fünffache) aber in die entgegengesetzte.
Quelle: Lemme, Helmuth: Elektro-Gitarren-Sound, S. 106.

---

[39] Vgl. Lemme, Helmuth: Elektro-Gitarren-Sound, S. 105f.

Bei drei Tonabnehmern gibt es schon bei gleichphasiger Schaltung sieben Kombinationen: 1, 2, 3, 1 + 2, 1 + 3, 2 + 3, 1 + 2 + 3. Durch einen Umschalter ließen sich die sechs gegenphasigen Kombinationen auch noch ermöglichen: 1 − 2, 1 − 3, 2 − 3, 1 + 2 − 3, 1 − 2 + 3, 1 − 2 − 3. Man sieht also, die Zahl der möglichen Zusammenschaltungen wird sehr schnell sehr groß und damit unüberschaubar.

6 Die Schaltung in der Gitarre – Die bekanntesten Originalschaltungen

In diesem Kapitel möchte ich einige Originalschaltungen, wie sie heute noch verwendet werden, zeigen. Ich versuche anhand der Schaltbilder die einzelnen Komponenten zu erklären und aufzuzeigen, warum sie so eingebaut wurden, wie sie eingebaut wurden.

Zuerst muss gesagt werden, dass praktisch alle Gitarren mit einem Lautstärke-("Volume") und einem Klangregler ("Tone") bestückt sind.

Das nachfolgende Bild *(Bild 6.1)* zeigt die sinnvollste Anschlussmöglichkeit des Volume-Reglers, als Spannungsteiler.

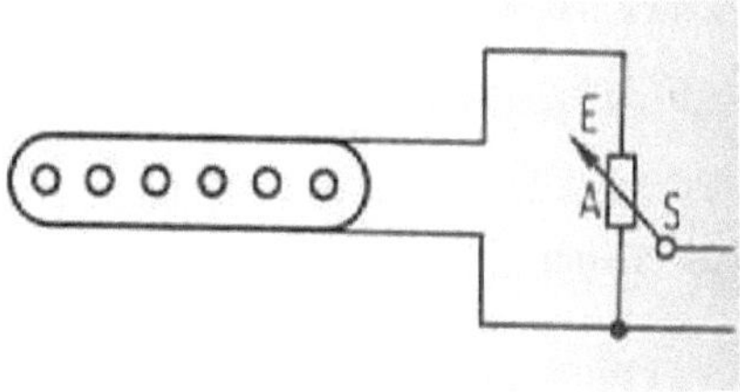

Der Nachteil dieser Anschlussmethode ist allerdings, dass beim Leiserstellen der Schwingkreis, welcher aus der Tonabnehmer-Induktivität und der Kabelkapazität gebildet wird, sehr stark gedämpft wird, weshalb die Resonanz-

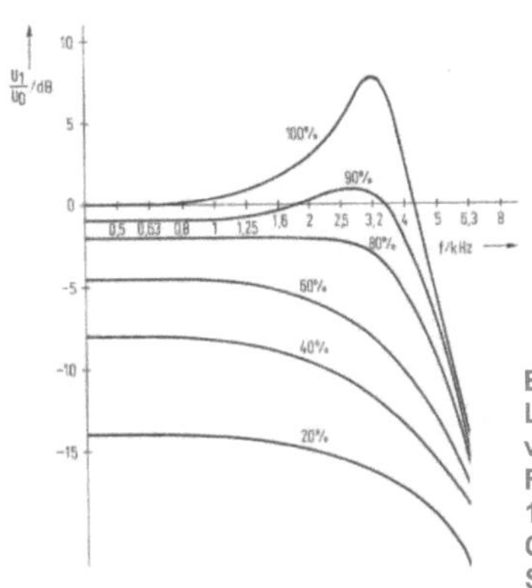

Bild 6.1: Lautstärkeregler in E-Gitarren
Quelle: Lemme, Helmuth: Elektro-Gitarren-Sound, S. 109.

spitze sehr schnell verloren geht, siehe Stratocaster-Tonabnehmer *(Bild 6.2)*, bei dem die Spitze bereits bei Zurückdrehen um 20% verloren gegangen ist[40].

Bild 6.2: Beim Zurückdrehen des Lautstärkereglers geht die Resonanzspitze schnell verloren, der Ton wird ausdruckslos. Hier beim Fender-Stratocaster-Tonabnehmer mit 1000pF Lastkapazität
Quelle: Lemme, Helmuth: Elektro-Gitarren-Sound, S. 110.

---

[40] Vgl. ebd. S 109.

Beim Lautstärkeregler ist die Wahl eines linearen oder logarithmischen Potentiometers reine Geschmackssache, das Letztere wirkt im oberen Bereich stark und im unteren nur schwach, das erstere umgekehrt.

Der Tone-Regler besteht aus Potentiometer und Kondensator *(Bild 6.3)*, hierbei ist logarithmisch allerdings Pflicht, damit die Höhenabsenkung gleichmäßig erfolgt.

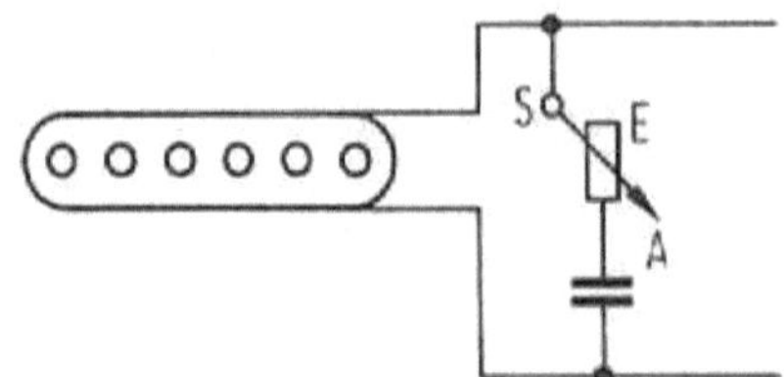

Bild 6.3: Prinzip des üblichen Klangreglers
Quelle: Lemme, Helmuth: Elektro-Gitarren-Sound, S. 111.

Übliche Kapazitäten des Kondensators sind 0,02 µF (bei Gibson) und 0,05 µF (bei Fender).[41]

Nun wollen wir drei Originalschaltungen betrachten. Die erste ist die der Ur-E-Gitarre Fender Telecaster *(Bild 6.4)*. Das Prinzip ist schnell erklärt: Sie besitzt zwei Tonabnehmer und einen Kippschalter mit drei Stellungen, in der Mittelstellung sind beide Pick-ups parallel geschaltet, in den Endstellungen ist nur jeweils Einer aktiv. Lautstärke- und Klangregler sind so in den Kreislauf eingebaut, dass beide auf beide Tonabnehmer wirken. Der zusätzliche Kondensator am Volume-Regler dient zum Ausgleich des Höhenverlustes.[42]

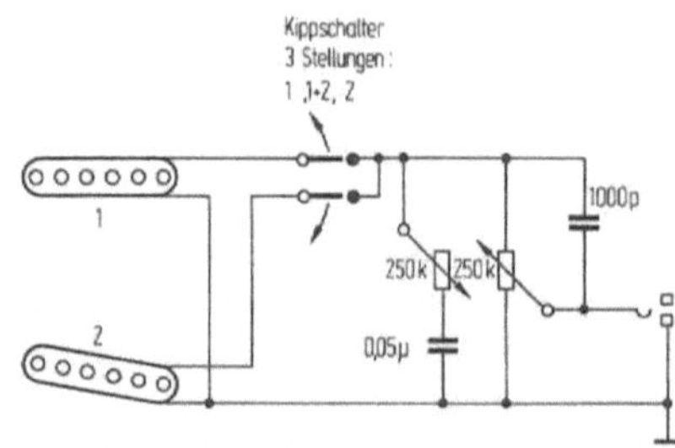

Bild 6.4: Schaltung bei der Fender Telecaster mit zusätzlichem Kondensator.
Quelle: Lemme, Helmuth: Elektro-Gitarren-Sound, S. 112.

---

[41] Vgl. ebd. S. 110f.
[42] Vgl. ebd. S. 112.

Die nächste Schaltung, die wir etwas genauer betrachten wollen, ist die der Fender Stratocaster *(Bild 6.5)*. Obwohl sie über drei Tonabnehmer verfügt, ist man erst in den 70er Jahren auf die Idee gekommen, den vorher eingebauten Drei-Wege-Schalter durch einen Fünf-Weg-Schalter zu ersetzen, um alle fünf Möglichkeiten der Tonabnehmerkombination nutzen zu können: 1; 1 + 2, 2; 2 + 3; 3. Das Besondere hierbei ist, dass die oberen beiden Tonabnehmer jeweils einen Klangregler besitzen, der Untere allerdings nicht.[43]

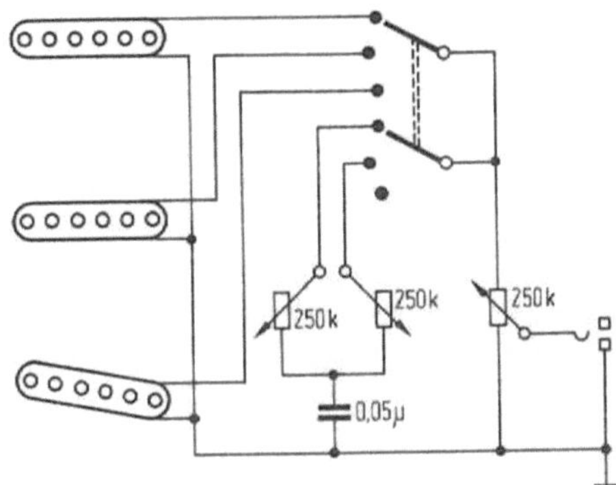

Bild 6.5: Schaltung der Fender Stratocaster.
Quelle: Lemme, Helmuth: Elektro-Gitarren-Sound, S. 112.

Die letzte Schaltung, die ich unter die Lupe nehmen will, ist die Gibson-Variante für zwei Humbucker (so verwendet z.B. in Les Pauls) *(Bild 6.6)*. Sie zeichnet der eine Kippschalter und die zwei Lautstärke- bzw. zwei Klangregler aus. Der klare Vorteil hierbei ist, dass man zwei verschiedene Lautstärken und Klangfarben einstellen und sehr schnell von der einen zur Anderen wechseln kann.[44]

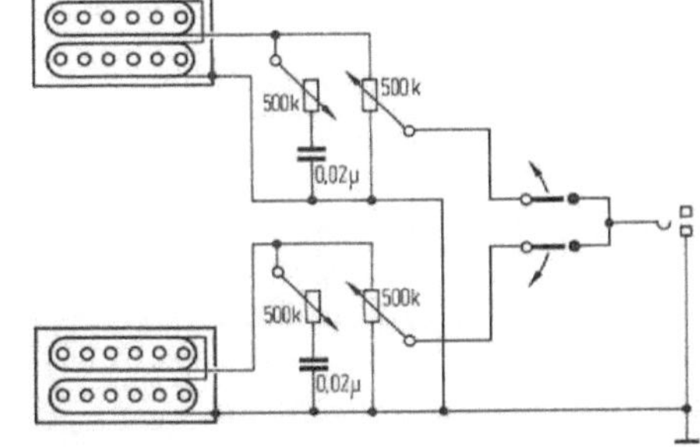

Bild 6.6: Zweikanal-Schaltung nach Gibson..
Quelle: Lemme, Helmuth: Elektro-Gitarren-Sound, S. 114.

---

[43] Vgl. ebd. S. 113.
[44] Vgl. ebd. S. 114.

7 Problem der Tonabnehmer-Rückkopplung bei Elektrogitarren

Das Rückkopplungsproblem ist von Mikrofon-Verstärkeranlagen hinreichend bekannt. Ähnlich kann dieses Phänomen auch bei E-Gitarren auftreten. Die Gitarre kann das Signal aus dem Lautsprecher aufnehmen und in eine Wechselspannung verwandeln. Besonders häufig tritt dieser Effekt bei Verwendung von sog. Effektgeräten wie Wah-Wah-Pedal[45] oder Verzerrer[46] auf.[47]

Unter Tonabnehmer-Rückkopplung versteht man diejenige Art der Rückkopplung, bei welcher bei weit aufgedrehtem Lautstärkeregler Heul- und Pfeiftöne zuhören sind, die beim Festhalten der Saiten andauern. [48]

Dies kann auf drei verschiedene Wege geschehen:

1. Die Rückkopplung hat ihre Ursache in Verarbeitungsmängeln (die einzelnen Teile sind nicht richtig befestigt, die Spulen sind zu locker gewickelt,…).
2. Es entsteht eine magnetische Kopplung zwischen Lautsprecher- und Tonabnehmerspule. Hierbei wirkt der Tonabnehmer wie ein Transformator: Er nimmt das vom Lautsprecherstrom erzeugte magnetische Feld auf und wandelt es in Wechselspannung um. Dies tritt nur bei Single-Coil Tonabnehmern auf und nur, wenn man die Gitarre parallel zur Lautsprechermembran hält. Durch Drehen des Instruments um 90° bringt man die Spannungserzeugung zum Erlieg en.
3. Der Tonabnehmer wackelt auf dem Korpus.[49]

---

[45] Wah-Wah(Pedal): […] Es handelt sich im einen selektiven Verstärker, […] der bestimmte Frequenzbereiche hervorhebt. Mechanisch funktioniert das Gerät [so] […]: Wird das Pedal nach *unten* bewegt, geht der Frequenzbereich nach *oben*, wird es nach *oben* bewegt, geht der Frequenzbereich nach *unten*.[…] (Kaiser, Rolf: Gitarrenlexikon. Hamburg 1987, S. 216).

[46] Verzerrer: […] Im Prinzip ein Vorverstärker, der das eingegebene Signal *übersteuert* und damit unharmonische Obertöne (nichtlineare Verzerrungen) dem Instrumentenklang hinzufügt. […] (Kaiser, Rolf: Gitarrenlexikon. Hamburg 1987, S. 210).

[47] Vgl. Lemme, Helmuth: Elektro-Gitarren-Sound, S. 157.

[48] Vgl. ebd. S. 160.

[48] Vgl. ebd. S. 161.

8 Fazit

Für mich persönlich kann ich sagen, dass die intensive Beschäftigung mit diesem Thema eine Herausforderung war, welcher ich mich aufgrund meines Interesses für dieses Thema jederzeit gerne gestellt habe. Die Anfertigung dieser Arbeit hat mich selbst, wie ich finde, auch auf meinem Weg als Gitarrist einen großen Schritt nach vorne gebracht. Ich habe dadurch sowohl physikalisch als auch klanglich, einen Einblick in das Innenleben einer Gitarre bekommen, den ich so schnell nicht wieder vergessen werde.

Ich hoffe ich konnte auch Laien einen verständlichen Einblick in die Funktionsweise meines Lieblingsinstruments geben. Auf der beiliegenden CD finden Sie:

- die gesamte Arbeit,

- die verwendeten Bilder,

- sowie Hörbeispiele zu folgenden Themen
    - Steghumbucker einer Gibson Les Paul
      Hard-Rock im Stile von AC/DC[50]
    - Halstonabnehmer (Single-Coil) einer Fender Stratocaster
      Blues-Rock im Stile von Eric Clapton[51]
    - Mittlerer Tonabnehmer (Single-Coil) einer Fender Stratocaster
      Brit. Pop, Rhythmusgitarre[52]

Schließen möchte ich mit einem meiner Lieblingszitate von Pearl Jam Gitarrist Stone Gossard:

„Ob du es nun Grunge, Rock, Punk oder wie auch immer nennst: Gute Musik bleibt gute Musik. Aber eine großartige Gitarre ist purer Sex."[53]

---

[50] Blug, Thomas: guitar Songbook DVD V.3: School of Rock 32 Seiten Notenheft mit 100 Min. Video. Bergkirchen 2009.
[51] Vgl. ebd.
[52] Vgl. ebd.
[53] Bacon, Tony: Die große Gibson Les Paul Chronik. S. 94.

Literaturverzeichnis

- Bacon, Tony: Die große Gibson Les Paul Chronik. Ein halbes Jahrhundert Rockgeschichte. Bergkirchen 2010.
- Blug, Thomas: guitar Songbook DVD V.3: School of Rock 32 Seiten Notenheft mit 100 Min. Video. Bergkirchen 2009.
- Gebben, Daniel: „Das Tonabnehmersystem der Elektrischen Gitarre – Von der schwingenden Saite zum Lautsprecher". Windthorst Gymnasium 2006.
- Hammer / Hammer: Physikalische Formeln und Tabellen. München 2002.
- Kaiser, Rolf: Gitarrenlexikon. Hamburg 1987.
- Lemme, Helmuth: Elektro-Gitarren-Sound. München 1994.
- Scheinhütte Andreas: Schule der Rockgitarre. Band 1. Frankfurt am Main 1998.
- Mazzoni, Dominic: Audacity 1.2.6 *(Software)*, http://audacity.sourceforge.net/ (19.08.2010), Download: http://sourceforge.net/projects/audacity/files/audacity/1.2.6/audacity-win-1.2.6.exe/download.
- Müller / Leitner / Mráz: Physik. Leistungskurs 1. Semester: Elektrische und magnetische Felder. Oldenburg 1998.
- Schnabel, Patrick: Elektronik-Fibel: Elektronik Grundlagen, Bauelemente, Schaltungstechnik, Digitaltechnik. Norderstedt 2007.
- Wheeler, Tom: Die große Stratocaster-Chronik. Bergkirchen 2009.
- Ziegenhain, Matthias: AMAZONA.de – Workshop: Guitar Know-how – Tonabnehmer, Teil I.
  http://www.amazona.de/index.php?page=26&file=2&article_id=2741 (16.08.2010).
- Ziegenhain, Matthias: AMAZONA.de – Workshop: Guitar Know-how – Tonabnehmer, Teil II.
  http://www.amazona.de/index.php?page=26&file=2&article_id=2742 (16.08.2010).